U0195097

EXPLORING THE OCEANS · 探索海洋之极限任务

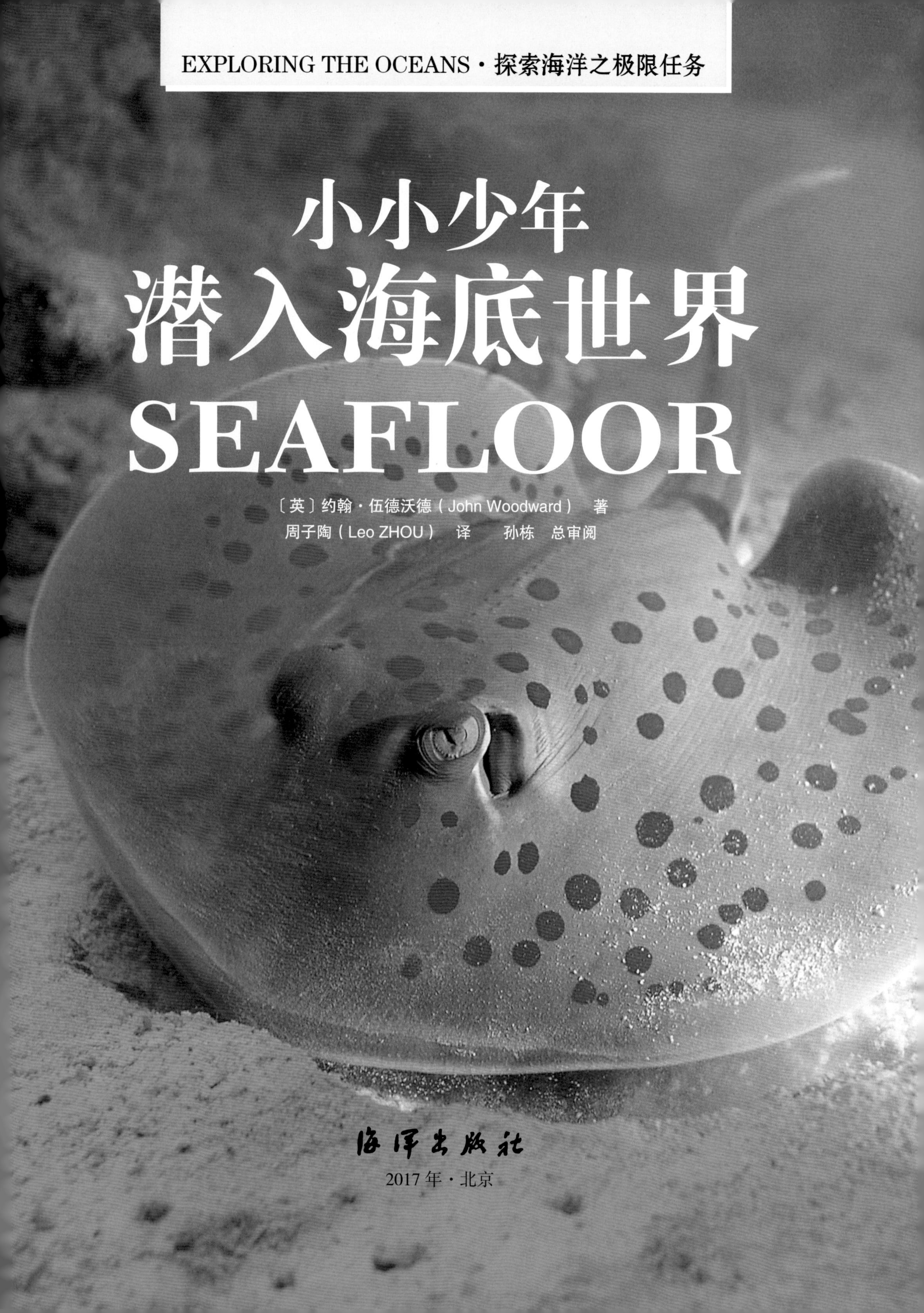

小小少年
潜入海底世界
SEAFLOOR

〔英〕约翰·伍德沃德（John Woodward） 著
周子陶（Leo ZHOU） 译　　孙栋　总审阅

海洋出版社
2017年·北京

图书在版编目（CIP）数据

小小少年.潜入海底世界 /（英）约翰·伍德沃德 (John
Woodward) 著；周子陶译 . —— 北京：海洋出版社，2016.12
（探索海洋之极限任务）
书名原文：SEAFLOOR
ISBN 978-7-5027-9720-1

Ⅰ.①小… Ⅱ.①约… ②周… Ⅲ.①海洋－少儿读物
Ⅳ.① P7-49

中国版本图书馆 CIP 数据核字 (2017) 第 044868 号

图字：01-2016-8210

策　　划：高显刚
责任编辑：杨海萍
责任印制：赵麟苏

海洋出版社　出版发行

http://www.oceanpress.com.cn
北京市海淀区大慧寺路 8 号　邮编：100081
北京文昌阁彩色印刷有限责任公司印刷　新华书店发行所经销
2017 年 5 月第 1 版　2017 年 5 月北京第 1 次印刷
开本：889mm × 1194mm　1/16　印张：3
字数：50 千字　定价：38.00 元
发行部：62132549　邮购部：68038093　总编室：62114335
海洋版图书印、装错误可随时退换

目录

海底

如果海洋中的水在一夜间被抽干，你就会看到地球上最壮丽的景色。我们可以看到广阔的平原上点缀着巨大的火山，一个接一个具有陡峭山谷的平顶山向前延伸。我们还能看到平原上深达数千英尺深的裂缝，长长的山脉绵延数千英里，山脉中有正在喷出熔岩的活火山。这些岩石非常热，会变成流体，通常称为岩浆。

探索海洋的人们通过一个称为潜水器的小型水下装置潜入深海。由于潜水器在水下行走距离有限，因此海洋探险者每次能够观察的深海面积不大。

声呐装置被安装在船底，并随着船前行绘制图形，使我们了解到海底有山脉、火山

五彩缤纷的皮皮虾，安静地在洞穴里等待食物出现。

和峡谷。纵然图形显现出许多细节，但有时并不能告知我们真实的情形。既不能显现出生活在大洋底部的动物和其他生命惊人的多样性，也不能给出水下火山剧烈活动的线索，更不能显示火山周围的海水哪里特别热，哪里特别冷。要观察这些情况，你必须亲自去海底看看。

斜坡与山脊

海底起始于海岸，它低于落潮水平，一直向大海最深处——海沟延伸。世界上最深海沟深度达到 33 000 英尺（约 10 000 米）。离海岸近处的海底一般比较浅，它慢慢地向下倾斜，逐渐离开大陆，有时达数百英里。相对比较浅的逐渐向下倾斜的海底称为大陆架。在倾斜面的最下端有很多碎石和其他废弃物，这些碎石是从斜坡上滚落下去的。

在有些较深的海底上会存在很深的峡谷——海沟。

在其他地方，有连串的山脉链，称为洋中脊。

潮间带

真光层
（海洋上层）

600 英尺
（约 180 米）

弱光层
（海洋中层）

3 300 英尺
（约 1 000 米）

无光层
（海洋深层）

海底
你在这里

如何测量海洋深度？

航海员通过回声探测器来探测海洋深度。这种探测器会发出穿透海水的声波，记录声音反射回声的时间，时间越长海水越深。

科学家应用侧扫声呐绘制海底图形。这个系统会发出宽度可达 38 英里（约 60 千米）的声波，根据声波记录可知峡谷深度与山脊的高度。这样就建立了海床三维地形图。

你的任务

你将要访问的地点：
1，2. 佛罗里达海岸
3. 密西西比河三角洲
4. 旧金山
5. 蒙特雷海湾
6. 阿卡普尔科
7. 东太平洋海隆

你将要进行从大陆架开始直到海洋最深处的一系列海底调查。大陆架向下倾斜到海水下 1 000 英尺（约 300 米）深处。然后海底坡度向下迅速变陡，直到 10 000 英尺（约 3 000 米）深的深度，这个陡峭的斜面称为大陆坡。

大部分深海海底是平坦的或仅仅有一点点斜坡，被称为深海平原。但在有些地方会存在深海峡谷或水下山脉。

斜坡和山脊

你将从寻找丢失在佛罗里达的大西洋海岸外的珠宝开始你的旅行。然后，将越过佛罗里达海峡并到达密西西比河三角洲。

首先你将到达东太平洋，在那里，你会跟加利福尼亚海藻林中的海狮游泳嬉戏，沿着大陆斜坡向下走，你的下一站是找到海底多样化的生命形态，再后来你向南旅行去探索水下火山和深海热液喷口。在那儿你将看到以水中化学物质为食物的生命体。最后，你将潜入墨西哥阿卡普尔科附近很深的海沟，这将是一次多么令人振奋的旅行啊！

这只砗磲生活在阳光照射的浅海海底。微小的藻类植物生活在砗磲体内。藻类靠阳光制造食物供它自己和砗磲生长。

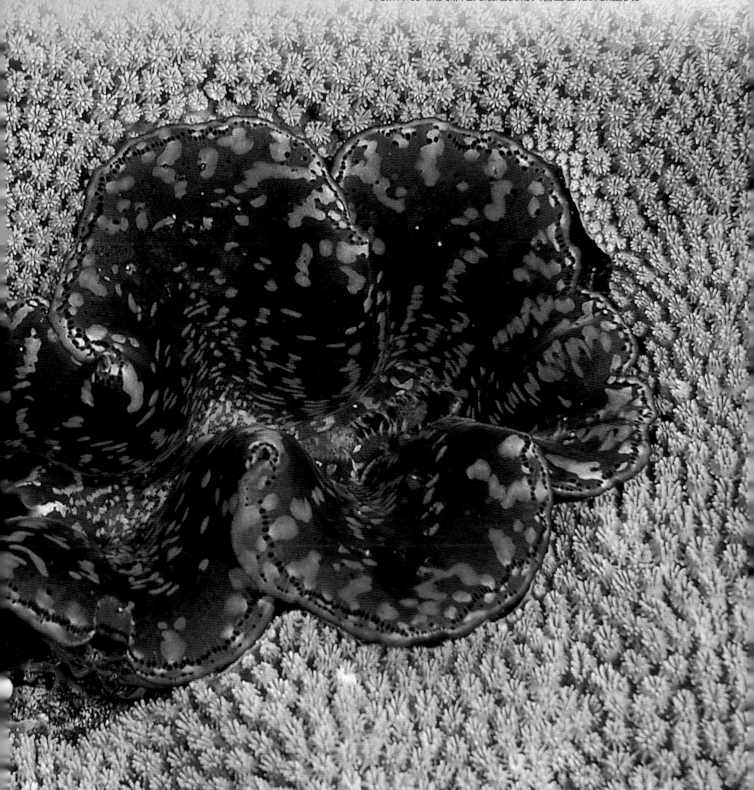

西班牙银币

在佛罗里达大西洋海岸外有很多小岛屿。在这些岛上，沙滩面向大海，岛屿与大陆中间隔着长长的潟湖。通过洋流与波浪的作用，这些沙岸已经形成数百年了。有时，称为飓风的大风暴吹动海洋上层形成巨浪。这种波浪非常强大，能够推动碎石和大块岩石沿海岸运动。飓风季节起始于每年7月，大部分水手会避开飓风季节不去这个海域航行，可是有时水手不得不出海。

在1715年7月24日这一天，一个由12艘船组成的船队，从古巴哈瓦那出发，载着大量价值连城的金银财宝向西班牙航行。沿着这条航线他们来到佛罗里达和巴哈马群岛的东北方。在那里，船队遭遇到了从大西洋

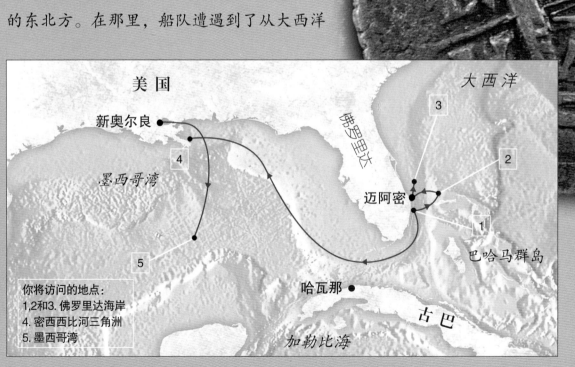

美国

大西洋

新奥尔良

佛罗里达

墨西哥湾

迈阿密

巴哈马群岛

哈瓦那

古巴

加勒比海

你将访问的地点：
1,2和3. 佛罗里达海岸
4. 密西西比河三角洲
5. 墨西哥湾

8

吹来的飓风的袭击。其中两艘船被巨浪吞噬沉没在深海，另外9艘船被摧毁在浅水中，只有一艘船幸存下来并能够继续航行。大部分沉没的载有财宝的船已经被找到，但是还有一两艘宝船仍然未被发现。你已加入探险队去寻找其中的一艘船，并在暗淡的沙子中发现了一个黑色的物体。你检查水肺中的空气供给状况，然后潜入大海。

暗藏的财富

在海平面26英尺（约8米）以下的海底，你发现了一大堆岩块，看起来不像是一艘被毁坏的船，你还看到了其他一些东西。其中一个长长的有些昏暗的东西，原来是一门大炮，铁已经生锈了，但你仍然可以看出它是什么。你看到的岩石称为压载物，压载物装载在船上可以帮助船在水中垂直向上。船上所有木制品都已经被腐蚀殆尽。

工作人员从小船上向下伸出一个大管子。一股强大的水柱从管子里喷向沉沙，这一冲击波把沙子从海底吹开并吹出一个洞。突然之间，看到了一个金属圆片。你下去把金属圆片拿起来，擦掉泥巴，看到上面的文字和明亮的柱形纹。这是一枚1714年铸造的西班牙银币。你已经找到了失事的宝船。

这些西班牙银币（上图）是在佛罗里达外海岸沉船上发现的，这些银币已经有300多年历史了。

这个古老的大炮（右图）从沉船上掉落下来，许多生物正在大炮上生长。

涡流沙

这艘 1715 年失事船的残留物几乎全部被沙子掩埋。这些沙子是洋流从大洋中冲来的，洋流携带小石块以及从珊瑚本体上脱离的小块珊瑚。较重的块状物通过水流并沉降在海底，在那里，这些物体形成厚厚的沙墙与碎石滩。

沙墙掩盖了坚固的大陆架的岩石。任何其他沉降在海底上的物体也被沙子掩盖。但在靠近海岸的浅水处，大风暴能把沙子吹走。因此，已经被掩盖多年的物体终于重见天日。

流动的沙子使水下考古学家的工作变得困难。他们也许刚刚挖一个洞，但在几小时内就又被沙子填满了，所以你把这一繁重工作留给考古学家好了。你要去考查海底上的自然生命。

这些亮紫色的海胆生活在海底的沙子和岩石上。

温柔的触摸

用来收集沙子和海床生物的装置称为捞取器，它的工作就像水下吸尘器。它可以收集易碎的玻璃和瓷器。

考古学家提供给你一种工具，这种工具使你能够吸起沙子和沙子中的生物。学会使用工具后，你去寻找你的目标。这包括许多的软体动物，称为蛤或蚌。蛤让水通过身体收集可食用的小物体的方式来喂养自己。蠕虫也是你的采集目标，它们在沙子中来回穿梭度过一生。海胆也是采集目标。

当你把沙子放在显微镜下时，你会发现沙粒上充满了微小生命，它们被称为细菌和原生生物。它们生活在顺水漂浮的海带或死亡动物的小尸体上，软体动物和海胆以细菌和原生生物为食。因此，在沙子内外存在着生物共同体。

与黄貂鱼共泳

从上面看不到海床上有生命。但是，如同你发现的那样，在沙子的掩盖下有许多生命。较大的动物如软体动物，必须有能力找到埋藏在沙子下的生物以保证生存。你将会观察到软体动物是如何这样做的。

你带着面罩和吸氧管在浅海床上浮潜，你会看到一些真正的"专家"在工作，它们是黄貂鱼，是鲨鱼的近亲，体型扁宽。黄貂鱼因在尾部有毒刺而广为人知，它的一根刺就能够带给你很严重的伤害。所以你应非常警惕地远离它们。

这位潜水者发现海底生物是非常忙碌的。黄貂鱼和其他种类的鱼不时地寻找食物。

黄貂鱼用摆动它宽大身体上的"翅膀"缓慢地滑过海底。一条黄貂鱼停在一堆沙子上，它察觉到异常情况。突然一片大沙云从它下面喷出，你游近去看。黄貂鱼正喷射水流冲击沙子，就像你在沉船那儿做的那样，它一直吹沙子直到一个蛤暴露出来，它抓住了蛤并用它强有力的嘴把蛤咬碎。你看到了黄貂鱼如何把蛤肉挖出来。但是黄貂鱼是如何知道蛤在那里呢？答案是电波。每一种动物的神经系统都产生微小的电信号，黄貂鱼（以及鲨鱼）能够收集这些信号，毫无困难地发现埋在沙底下的猎物。这种感知被称为电感知。

低姿态

黄貂鱼扁平的身形十分适合生活在海底，当它不猎食时，黄貂鱼经常停在海底并埋在沙子里，这样要想看到它就非常困难。其他扁平的鱼类也使用这一技能。当你正观察时，开始你认为只是一小片海底的东西，它却突然在你身下升起并游走。原来它是一条比目鱼，它用身体的起伏运动而不是用摆动翅膀游泳。

比目鱼在接近海底的海域采取侧游的姿态度过它的成年。在那里它猎食贝类和蠕虫，它通过嗅觉知道猎物在何处。一条比目鱼由于两只眼睛在头部的同一侧，因而只能看到游动的目标方向。当然，比目鱼游泳时眼睛必须朝上。

带蓝点的黄貂鱼把自己埋在沙子底下，这样它们的猎物就看不到它。黄貂鱼仅仅把眼睛露在外面。这条黄貂鱼刚刚把沙子抖掉。

回到过去

在地球历史长河中的某些时期气温比现在低得多，这段时期称为冰川期。上个冰川期距今大约一万年，那时全球的海水有相当一部分结冰。海洋中的水很少，使海平面降低了300英尺（约90米），这一高度相当于15层办公大楼那么高。

目前佛罗里达岸边的大陆架离海平面只有40米。在上个冰川期，这个大陆架一定是干燥的陆地。

你被告知，在佛罗里达东南方大陆架边缘附近有一个水下岩洞。在上个冰川期，这个岩洞在海平面之上，被陆上动物甚至是人当做隐蔽所。因此，你决定参加一个潜水旅行团去考察山洞。

尖利的牙齿

这个地方距海岸25英里（约40千米），乘快艇约需一个小时到达。时间一闪而过，当船到达该地，你检查过仪器，然后从船边下水，并顺着锚链往下游。当游到海底时，你发现了一处水下悬崖。

打开你的手电筒，你发现悬崖被五彩缤纷的海草、海绵、乌贼、贻贝和具有毛茸茸肢体的管虫所覆盖。所有这些动物与岩石连成一体，这些动物通过食用过滤海水所剩下的小块食物而生活。这些动物中还有带刺的海胆和海星，它们吃其他动物。

然后，你已经寻找到洞穴的黑暗口，是往里游并进行探测的时候了。洞底被碎石覆盖，一条八爪鱼滑过巨石进入小洞里。然后，你的手电筒照亮了海鳗在岩石裂缝中的尖尖的牙齿，海鳗具有很强的攻击性。当你正在往回游时，你发现海鳗巢根本不是岩石缝，而是一个很大的海龟壳。这个海龟很久以前就死在洞穴中，它的身体早已经被其他动物吃光了，现在仅剩海龟坚韧的壳和骨架。

水下岩洞中的海龟骨头。有时海龟进入洞穴寻找食物，也许因迷路而死亡。海龟死亡后，其他有机体把海龟柔软的部分吃掉。

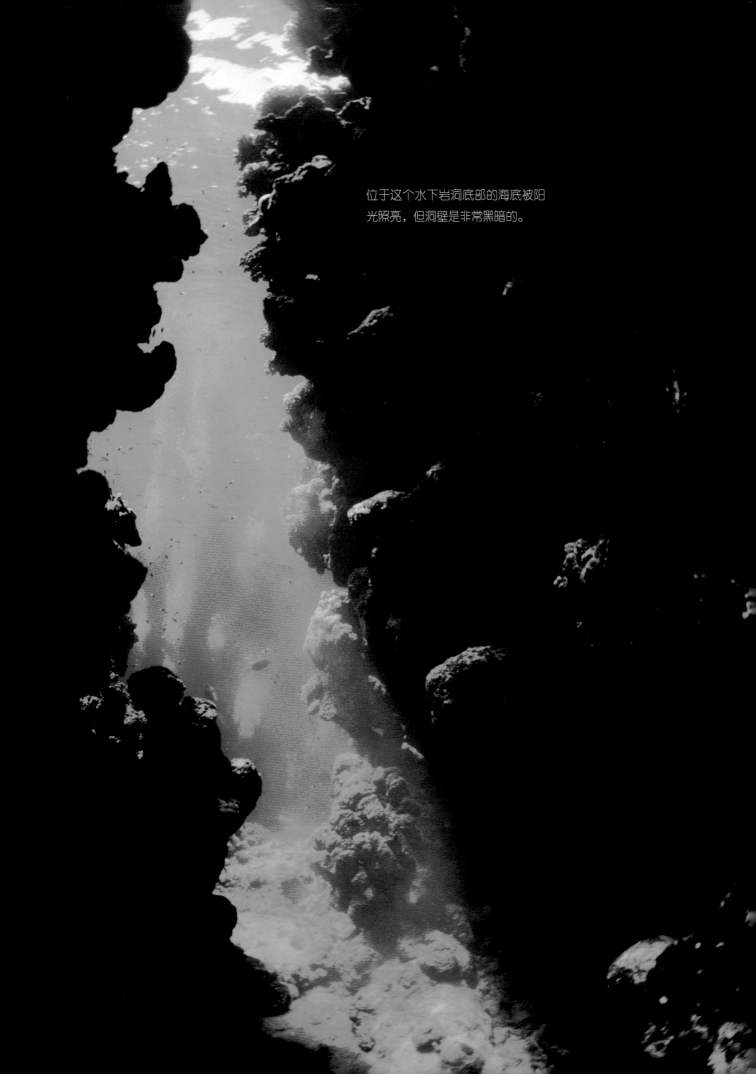

位于这个水下岩洞底部的海底被阳光照亮，但洞壁是非常黑暗的。

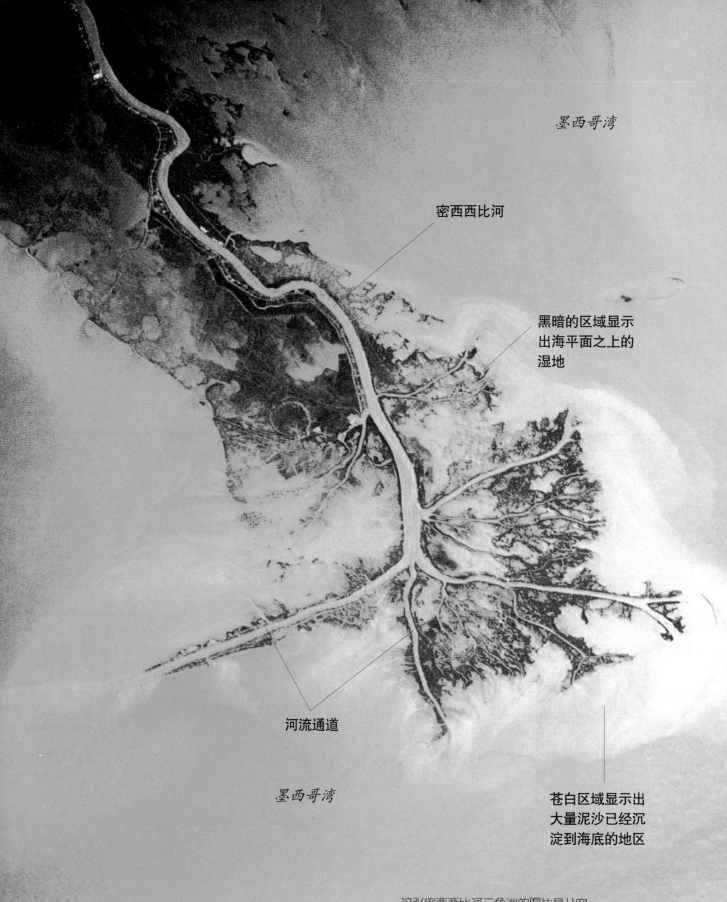

墨西哥湾

密西西比河

黑暗的区域显示
出海平面之上的
湿地

河流通道

墨西哥湾

苍白区域显示出
大量泥沙已经沉
淀到海底的地区

这张密西西比河三角洲的图片是从空
中拍摄的。河流两边黑暗的面积都是
湿地。三角洲底部苍白的区域是大量
的泥沙已经沉降在海床的地方。

16

河流三角洲

大陆架的大量沙子和碎石是从海岸上剥离出来的岩石粉碎残留物。海浪冲刷海岸，把岩石抛向悬崖并且将其脆弱部分剥离，碎石被冲走并形成了海岸和水下堤墙。

在陆地，大河流入大海。河流从大陆上带走沉积物。当河流与海洋相遇，流速下降并向四周扩展。当水流变慢时，河中的沙土沉降在海床上，沙土构成了厚厚的扇状三角洲。你将越过墨西哥湾去寻找世界最大三角洲之一的密西西比河三角洲。

河流卸载负荷

密西西比河从美国中心部分带走大量的泥沙，几乎所有的泥沙都沉降在密西西比河三角洲。你想对此了解更多，需回到大陆，乘飞机去新奥尔良。当你的飞机到达这个城市时，你可俯瞰三角洲。你可以看到河流中的泥沙是怎样建立了这座城市南部面积巨大的一片湿地。但是三角洲的大部分并不露出水面，三角洲进一步走向水下，一直走进墨西哥湾。

你被邀请去观看地质学家制作的水下三角洲的模型。地质学家在船上工作，他们钻透一层又一层的泥沙结构。钻头向下钻进几百英尺才碰到坚硬的岩石，这些岩石比其他大陆架都深得多，由于泥沙重量压迫使这些岩石向下弯曲。

根据泥沙层中的化石，地质学家能够确定泥沙层的年代。地质学家发现所有的层面都正在从陆地向海洋滑动，河流首先在陆地最近处沉降泥沙，这是因为这些泥沙是最重的。河流向远处携带非常细小的泥沙，这些细小的泥沙正好流到大陆架边缘，这样就形成了一个比路易斯安那州还要大的泥沙三角洲。

岩芯取样器

地质学家利用一个岩芯取样器来得到泥沙、石头的样本。岩芯取样器是一个空心的钻，它切石如切豆腐块，它取到了一个长长的包括所有岩层的岩芯，然后科学家就可以研究这些岩层，并确定它们是何时且如何形成的。

岩芯

17

海藻林

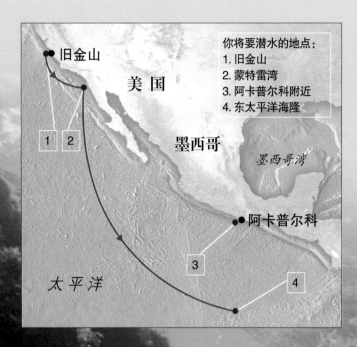

你将要潜水的地点：
1. 旧金山
2. 蒙特雷湾
3. 阿卡普尔科附近
4. 东太平洋海隆

旧金山

美国

墨西哥

墨西哥湾

阿卡普尔科

太平洋

在观看密西西比河三角洲以后，你回到了新奥尔良。你在那儿搭飞机去旧金山，在那里你将探索海藻林中大量的野生生命形态。

巨藻是一种大型海藻。海藻与陆地上生长的绿色植物非常相似，它们能利用太阳能把二氧化碳和水转变成糖，这个过程称为光

在那些高大的海藻叶子下而隐藏着一系列的动物生命。

合作用。海藻能生产自用的食物而不是像动物那样必须吃进食物，但是它们只能在阳光充足且有水的地方生长。植物也需要营养，才能生产并构成它们自身的组织。

大部分海藻很小，生长在近岸的浅水中，巨藻则与此不同，它能够长到超过100英尺（约30米）高。由于身材高大，海藻能够生活在较深的远在大陆架外部的水中。在那里，形成了巨大的水下森林。

发出绿色光芒

到达旧金山以后，你参加了一个团队，这个团队是由拍摄加利福尼亚蒙特雷湾海藻林中野生生物的工作人员组成的。潜水穿过海藻林是一个美好的经历。大大的海藻叶子就像陆地上大树的叶子一样，海藻叶子在接近水面处形成一个穹顶，这让你记起了热带雨林中大树形成的扩展的穹顶。海藻叶子在阳光下发出绚丽夺目的深绿光芒；海藻叶子被由气体充满的小型悬浮物托起。悬浮物支撑着海藻叶子，这样柔弱的海藻茎就不需要支撑海藻叶子了，而是用具有根状结构的被称为吸盘的组织把叶子与岩石海床连在一起。

摄影者正在制作海藻林中动物生活的纪录片。你将与他们一起工作，并且看到为什么这里是地球上海底生命最丰富的一个地点。

巨藻丛里的水域

海藻林的水非常清澈，足以让你从水面看到海底。这就是为什么巨大的海藻能够生长的原因之一，混浊的海水无法让阳光照射到海底。这里还有海藻能够生长的另一个原因，就是水中含有它所需要的丰富的养料，这些养料是被阿拉斯加南下的冰冷的加利福尼亚洋流从海底带来的。

海星生活在海藻林生长的海底。

海藻林中的生命

海兔与海蛞蝓及海蜗牛密切相关。有些海兔可长到14英寸（约36厘米）长，并且一次可产出8 000万枚卵。

海 藻林为所有种类的动物，从很小的海虾到巨大的鲸类都提供了一个家园。你近距离地看到了把海藻与海床相连的吸盘。海藻林正在庇护脆弱的海蛇尾，海蛇尾是海星的近亲，海蛇尾用自己的许多触手从水中收集食物。红石蟹爬过吸盘寻找零碎食物。海葵紧紧地抱住海藻茎，用它带刺的触须捉住小动物。海蜗牛、海兔和海蛞蝓滑过海藻的叶子寻找食物。

许多不同种类的鱼藏身在海藻林中，某些鱼伪装成与海藻外形很相似的样子，这使得它们极难被发现，而其他的如加里波第鱼

左图
一个海藻林的穹顶为光亮的橘色加里波第鱼躲避猎食者提供某些保护。

则很容易被发现。藏身在海藻林中的鱼，比它们在自由水域中更安全。在开放的大洋中，加里波第鱼更易被金枪鱼、海鲀或鲨鱼捕食。

这些动物大都不吃海藻，但是海藻有一个大敌，它是一种带红色刺的海胆。海胆啃食海藻的叶和茎，并能破坏整棵海藻。但是一旦海藻死掉，海胆无食可吃后也死去了，然后海藻能够重新生长。

巨大的章鱼

当你正观察一群海胆在海藻上吃食时，有个很大的东西从岩石底下滑出。这是一条巨大的章鱼，章鱼比你个头还要大，看起来能把你活活地吞食，幸运的是章鱼喜欢吃较小的动物。你看到它平顺地滑过海底，然后快速地朝着一个强壮的海蟹游去。章鱼把捕获物拖回它的藏身处，它把海蟹剥开并食用它柔软的鲜肉。当章鱼吃完后，它把空荡荡的壳丢在一旁又出去寻找新的猎物。

与海狮潜水

当你正在探索海藻林时，你发现你不是海底附近唯一呼吸空气的哺乳动物。加利福尼亚的海狮也在海藻林里穿梭，试图找到它们的食物——鱼、鱿鱼和章鱼。这些海狮是海豹的亲戚，并在海岛或海岸上繁殖，它们穿梭于海藻林中猎食。

海藻林不仅给海狮提供食物，也帮助海狮们躲避它们的敌人——大白鲨。这些强壮的掠食者有时来海藻林里猎食，但它们更喜欢在宽阔的海洋中捕食，所以你在海藻林里应该是更安全的。当然，相比于潜水的人类，鲨鱼更爱吃海狮，但万一它看错了呢？

碎壳能手

你一直跟踪一只海狮。当它在水中游泳时，另外一个哺乳动物出现了，这是一只海獭，它有一层厚厚的棕色皮毛。海獭一生中大部分时间是在海藻林里度过的，在那里，它们寻找并捕食贝类动物，如海胆和鲍鱼。海獭甚至能在海面上睡觉，它们用海藻叶缠住身体以固定位置。

你看到海獭在海底附近的海藻叶上抓起了一只鲍鱼，之后，海獭拿起一块平整的石头，它回到了海面上，你决定继续跟踪它。当你到达海面时，发现海獭背部朝下躺在水中，将石头放在它肚子上，只见它用爪子拿着鲍鱼，就往石上砸，最终，它打碎了鲍鱼的壳，抓出大块鲜肉并享用起来。

右图
海狮来到海藻林寻找食物并嬉戏玩耍。
海狮在这里比在广阔的大洋中更安全。

保护力量

海獭吃掉损坏巨藻的海胆。海獭较多的地方，它们帮助海藻不受敌方侵害。人们不断地猎杀海獭，致使海獭比过去数量减少很多；渐渐地，面积广阔的海藻被海胆破坏殆尽。目前，已经没有足够数量的海獭去阻止海胆损害海藻了。

海底鲸

当你正与摄影队中的几位队友在潜水船上休息时，看到一个比海獭大许多倍的动物。一头来到水面上呼吸空气的灰鲸发出噪声并深呼吸，然后灰鲸翘起它灰黑相间的尾巴，再次下潜到蓝色的海水中。这是千载难逢的好机会，摄影队中的两个成员穿上了潜水装备，你也紧随其后，三个人一起跟随灰鲸下潜。

灰鲸是一个庞然大物，它的重量与30辆家庭轿车相当，灰鲸是唯一的一种在海底有规律觅食的鲸类。灰鲸铲进一大口泥土并过滤出诸如蠕虫和小虾类的小动物，它也抓捕海床上的鱼类。在海藻林中，灰鲸采用从口中拉过海藻叶子的方式从巨藻叶上剥离动物。

犁土

你跟随灰鲸通过海藻林，灰鲸游进一片无海藻海域，这片海域由于泥土太多，大海藻无法固定其中。你正在观察时，灰鲸翻转身体侧身钻入泥土，灰鲸搅起如此混浊的泥水云导致你什么也看不见。你躲过泥水云并

当灰鲸在海床寻找食物时，它们会喷出大量泥土。这条灰鲸正在绿色和棕色的泥水云中游走。

且绕到灰鲸前面，灰鲸向你游来，它吞入另一口泥土，这次你看到了灰鲸通过一排板状牙齿（而不是通常的牙齿）喷出细小泥土的情形。这些板状牙称为鲸须，鲸须过滤蠕虫和小动物，然后灰鲸将捕获物吞入腹中。

近距离相会

灰鲸并不在意你的存在，它懒洋洋地向

一条灰鲸能够在海底吃食物停留长达30分钟。然后它必须浮出海面吸入空气以充满它的肺。

你游来，你伸手就能触到灰鲸灰黑相间的皮肤。灰鲸巨大的身躯从你手下滑过，此时它吞入另一口泥土。这时另一位潜水者拉了一下你的手臂，提醒你有另一个大而圆的动物朝你游来，不是灰鲸，而是一条大白鲨！你应该返回潜水船了。

珊瑚和海绵

在探测加利福尼亚海藻林后，你加入了由海洋科学家组成的团队。他们正在调查一片稀奇的在大陆架边缘上的海绵礁。这种海绵礁位于水下的 660 英尺（约 200 米）处，这远远超过带水肺潜水的深度。因此科学家使用一个小型的深潜器，他们也答应带你同去。

在这个深度，唯一的光亮是来自海面上闪烁的暗淡蓝光。这是弱光层的顶部，因此

玻璃海绵类在海底建成海绵礁，它们很漂亮，但也很脆弱。

维纳丝花篮是一种海底上生长的玻璃海绵，当它死亡时，它遗留下一个玻璃纤维般的细丝骨架。对虾经常居住在玻璃海绵中。

你别期望找到像珊瑚这样的动物，这些珊瑚通常在清澈有阳光的浅水处形成礁石。在那里，构成礁石的珊瑚与生长在珊瑚内部的微小海藻是合作者，海藻能够像海草那样利用光能制造养分。珊瑚使用这些养分的同时，也抓捕一些食物。

当你打开水下灯光时，你能看到软体珊瑚像花朵一样缠绕在岩石上。由于弱光层光线不足，藻类不能在那里存活，因此这里的珊瑚必须自己捕捉食物，它们用带刺的触须抓住微小生物。这些珊瑚只能生长在有强洋流的地方，洋流携带了充足的生物以供珊瑚捕捉。

在附近你发现了一座玻璃海绵礁，海绵通过身体吸取海水从而收集一些食物。那些富有弹性似橡皮骨架的海绵，就是你在浴池中可以应用的天然海绵。而玻璃海绵有花篮状的骨架，骨架是由玻璃状的矿物质也就是"硅"构成的。

就像深水珊瑚那样，玻璃海绵终生都连接在海底岩石上。玻璃海绵需要能够携带丰富养料的强大洋流。每一株海绵死亡后，它坚韧的玻璃状的骨架保留下来。因此，几千年时间的累积，玻璃海绵构筑起60英尺（约18米）高的礁石。这些礁石与三层楼一样高，玻璃海绵礁就像水下公园，那里是鱼和其他海洋生物生活的地方。

三人深潜器

你的潜水器好像一个大铁球，里面可乘坐三人。深潜器有厚厚的窗子，窗子是用一种透明的叫做丙烯酸的塑料做成的，这个球的外壳是一层玻璃纤维，并装有电引擎和强大的照明灯。

水下峡谷

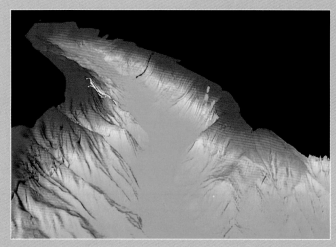

这幅图显示一个海峡的模样，黑的地方是大陆架，绿色的部分是海峡深处。

海绵礁躺在大陆架的边缘，在那里，大陆架开始向下倾斜到海底。有些地方，这个缓缓的坡度被深不见底的峡谷隔断。它们看起来有点像犹他或亚利桑那州峡谷，只不过这些峡谷是位于水下的。它们自垂直的悬崖下降数千英尺，进入无光的深海中，也就是无底的黑暗。

在展示过海绵礁之后，科学家们决定去一个附近的海峡。这虽然不是真正意义上的巨大海峡，但是它的悬崖在潜水器的灯光下看起来仍然很险峻。悬崖上覆盖着五颜六色的海葵、海绵、软体珊瑚和贻贝，也有透明的管形动物，它们是樽海鞘和海鞘。这些动物全都附在岩石上，它们从水中采集里面的

食物碎块。海胆、螃蟹和许多不同种类的鱼也生活在这一带，也有一些鱼把贻贝和螃蟹作为食物。其他的鱼则体形较大，它们吃较小的鱼，鱿鱼也这样，它们结队而行穿过海峡。

捕捉鱿鱼

鱿鱼是一种奇妙的生物，它们通过从身体内部向外喷水来驱动自己游泳。许多鱿鱼都会发光，这叫做生物发光。它们还可以变换颜色，闪烁着不同的光亮好似一个水下灯光秀。当你正欣赏这个表演秀时，一个大型动物猛

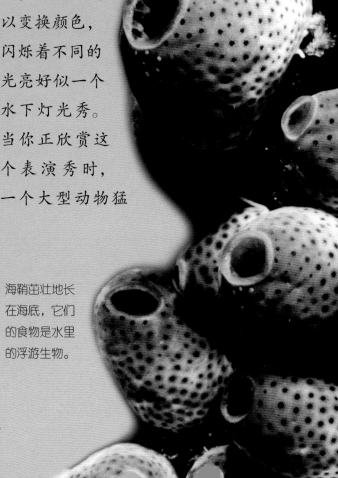

海鞘茁壮地长在海底，它们的食物是水里的浮游生物。

28

扑了过去，张口咬住一只鱿鱼，然后就不见了。这个动物看起来有点像海豚，你的朋友们很兴奋，这是一种他们以前很少见到的鲸鱼。这种鲸鱼称为居维叶突喙鲸，成年雄性的喙鲸有看起来像短獠牙的牙齿。这些牙齿是它们的武器，所以它们的皮肤上经常有长长的划痕和疤痕，从你身旁游过去的喙鲸似乎特别好战。但它游得太快了，所以你无法跟踪它。它继续追赶鱿鱼群，把你远远地留在黑暗中。

从喙鲸身上的划痕可以看出它们之间的战斗是多么的激烈。

大洋底部

第二天你加入了海洋科学家团队，他们将乘一艘大船向南行驶。他们将探索水下山脊的一部分，名字叫东太平洋海隆，它从墨西哥伸展到南极洲周围的南大洋。在还没走太远之前，小组成员潜到海底去检查他们的潜水器。他们建议你也一同前往。

船离开北美大陆架一个小时后，船员启动了潜水器。远离大陆架的海底向下倾斜，深海平原则更深，在那里，海底离海平面有2.5英里（约4千米）。潜水器到达海底需要两个多小时，海底是漆黑的，因为它在无光层，除了生物性发光的鱼和其他动物发出的光之外，没有自然光。

这种海参有一根白色的羽毛，海参吃海底的有机垃圾和漂浮在水中的浮游生物。

泥土里的生命

驾驶员把潜水器向海底开去，潜水器徘徊在一个巨大的棕色泥土构成的平原上。你环顾四周，似乎没有什么值得看的。但你注意到了一个奇怪的生物，它看着像一个鼻涕虫，正横越泥土，留下一条痕迹，这是一只海参！

海参是海底最常见的一种动物，它们是海胆和海星的亲戚。它们铲起泥土，并消化掉里面的食物。这些食物大部分都是海洋动物和藻类植物死亡后沉到海底的小碎块。

潜水器继续向前滑行，你在泥土上看见一条死鱼。它正在被深水蜘蛛蟹和一些被称为"端足"类的生物啃食。有一条较大的鱼是杜父鱼，还有一些具有大眼睛和长而纤细的尾巴的鱼类，这些鱼也开始吃这些尸体，它们被称为鼠尾鳕，它们几乎都生活在海洋深处。

然后你发现了一条很奇怪的鱼，它似乎站在三个支柱上，支柱是它的鳍和尾巴。你以前见过它的图片，知道它是条"三鼎鱼"。三鼎鱼一生大部分时间都这样站着，用这种方式等待一顿美餐的到来。由于深海的食物稀少，鱼可能要等好长时间才能再吃上一顿。

杜父鱼是生活在北太平洋海底的鱼，大多数生活在较浅的地方，其他的则生活在弱光层的最底层。杜父鱼吃贝类，如螃蟹和蛤蜊。

火山洋中脊

你 回到停在海面的船上，并随探险队前往一段东太平洋海隆，这里位于墨西哥的阿卡普尔科西南方500英里（约800千米）处。整个行程需要4天，所以你有足够的时间来了解你将要去的地方。

东太平洋海隆是地球的最外层或地壳的巨大裂缝，狭缝是由于地球的移动把海底地壳给拉开了。当岩石裂开时，滚烫的熔岩从裂缝中喷出。当熔岩喷出海底并遇到冰水时，就变成了黑色的岩石，叫做玄武岩。岩石形成了水下山脉长长的洋中脊和水下火山。洋中脊的中间是一个裂缝或称做峡谷。

潜水到海底山脊

船员们驾驶潜水器直接穿过一部分山脊，他们将带你沿着山的一侧向上方航行，越过顶部的缝隙，然后再沿着另一侧的山坡下山。首先，你穿过了一些被灰褐色的泥质沉积物

覆盖的山峰。然后，海底逐渐变深。当你潜下去时，看到了裸露的枕头一般的奇怪的黑色岩石。之后，海底又开始上升，你看见了更多的覆盖着沉积物的山峰。

裸露的黑岩石在海底存在的时间不长，所以没有被沉积物覆盖，它一定比旁边的山峰年轻，这就是岩石被挤出来的地方。所以，洋中脊其实是两个水下山脉的山脊，它们被挤出的热岩形成的山谷分开。

这黑色岩石是洋中脊边缘的玄武岩，它本是熔岩（岩浆），但遇到冰冷的海水时，凝固成了岩石。

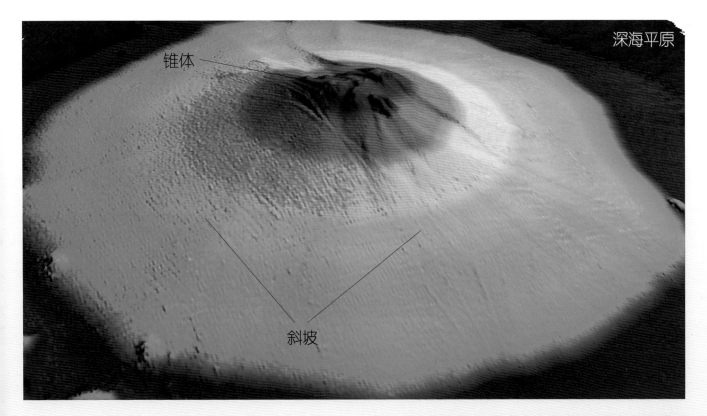

锥体

斜坡

什么是玄武岩？

玄武岩是一种非常重而黑的岩石，所有的深海海底都是被玄武岩覆盖的。远离洋中脊的玄武岩被固体沉积物覆盖，不能被看到。在一些地方，如夏威夷、冰岛、加拉帕戈斯群岛，玄武岩形成了海洋中的火山岛，它们就是在海平面上凸起的海底的一部分。

这是日本附近一个水下火山的地形图，这幅图用颜色更清晰地显示火山形状。红色是火山锥，紫色是深海平原。

这幅图显示了东太平洋海隆。东太平洋海隆是两个地壳相遇的地方。可可斯板块向东移，太平洋板块向西移动。

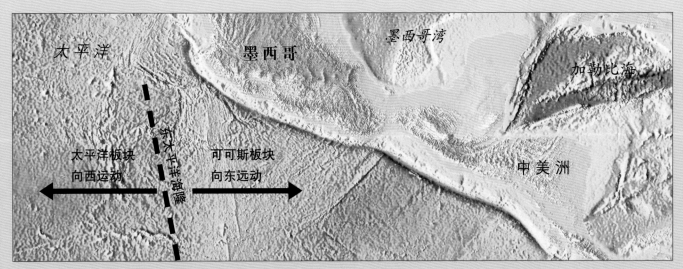

太平洋 　墨西哥　墨西哥湾　加勒比海

太平洋板块向西运动　　东太平洋海隆　　可可斯板块向东远动　　中美洲

33

火山与海水

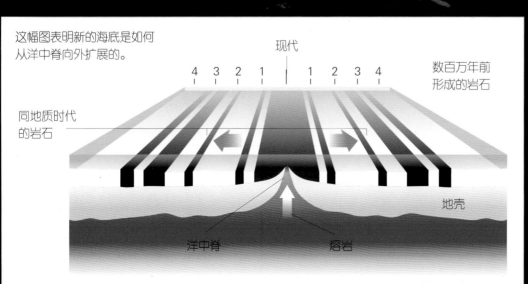

这幅图表明新的海底是如何从洋中脊向外扩展的。

现代

4 3 2 1 | 1 2 3 4　　数百万年前形成的岩石

同地质时代的岩石

地壳

洋中脊　　熔岩

潜水器向某一部分洋中脊驶去。在那里，熔岩仍从海底喷发。如果这个洋中脊在陆地上，它看起来就像夏威夷群岛上的火山。在海底，同样的事情正在发生，只不过这是在太平洋下 10 000 英尺（约 3 000 米）而已。

你渐渐地靠近火山爆发处，水的温度开始上升，只是水温不太热。起初，你对发生了什么一无所知，你只在浑浊的水中看到了一道红色的光线。然后，大量的炽热熔岩从岩石中喷出，它让你想起牙膏从管里挤出。当熔岩的外壳变成固体时，红色的岩浆几乎立刻变成黑色，那黑色的壳在一侧裂开，另一大块赤热的熔岩开始喷射。

当熔岩遇到冷水时，它很快就冷却了。当熔岩变成固体岩石时，它变成了枕头形状的石头，就像你以前看到的那样被称为枕状熔岩。

新的洋底

当洋中脊两侧的海底被分开时，枕状熔岩在缝隙中产生出新的岩石，然后，新的岩石被分开形成缝隙，更多的熔岩又填补了这些新的缝隙。逐渐地，边上的玄武岩被推得越来越远，最后它们覆盖了整个洋底。

你在洋中脊的两边使用潜水器的机械手采集岩石样本。后来，在船上检查了岩石样本的年龄时，你有一个有趣的发现：离洋中脊较近的岩石比远离山脊的岩石年轻，离洋中脊越远，岩石就越古老。

而且，洋中脊两边的岩石以同样的速度变老。它们就像一块被扔进塘中的石头造成的涟漪一样向外传播，海底正从脊处向外扩展着。在大西洋，这种扩展效果慢慢地推动南美洲和北美洲，使它们以每年 1 英寸（约 2.5 厘米）的速度远离欧洲和非洲。

一位潜水员与红热熔岩保持安全的距离。这些岩浆是从夏威夷附近的水下火山喷出的。

海底高温

当你从洋中脊上收集岩石样本时，你会发现岩石是如何被巨大的裂缝分开的。海水会流进一些裂缝，水渗入岩石，朝着熔岩形成的地方流去。水与火山矿物（如硫黄）混合在一起，变得非常非常热。水又被喷出来，混合了热水与化学物质喷出的地方就叫做热液喷口。

海底黑烟囱

你正在探索的洋中脊顶部有一个大洞，在潜水器中计算机的引导下，潜水器的驾驶员朝大洞驶去。海水先是冷的，之后，潜水器的温度探测器显示外面的水温逐渐增高，你知道你离洞口越来越近了。

突然水温快速上升，潜水器的灯照到了一大堆东西，它们看起来像黑烟。这"烟"是从一个非常凹凸不平的石塔上涌出，看起来像是一个劣质的烟囱从海底长出。你看到的这些叫做海底黑烟囱，一

在热水中的矿物质离开了喷口，随着时间的增长，变得越来越高，最终形成"烟囱"。

超热水

如果你把水加热到212华氏度（约100摄氏度），水就变成了一种叫做水蒸气的东西。可是海底黑烟囱的水温为700华氏度（约370摄氏度），那为什么水没有变成气体？答案是，水在高压下的沸点就变得更高。黑烟囱之上的海水的重量使得洞口中的海水是在巨大的压力下喷出的。这就使得它保持不沸腾也不会变成气体，即使此时温度已经远远超过正常的沸点。这种水被称为超热水。

个能喷发最热液体的深海热液喷口。

你把潜水器的温度探测器插入了烟中，它惊人地记录了700华氏度（约370摄氏度），那足够熔化掉潜水器的塑料窗。驾驶员决定把潜水器停在一定的距离之外。

如果潜水器和黑烟囱保持一定距离，那么它是安全的。离黑烟囱只几英尺的水域，水的温度是一个舒适的70华氏度（约21摄氏度），热水从喷口喷出后，很快就冷却下来，并与冷的海水混合在一起。当它冷却时，化学物质分解成了微小的斑点，这就是被烟囱喷出的乌黑的烟。而有些热水喷口的烟不是黑的而是白的，所以这些热水喷口叫做白烟囱。

食物工厂

鳃

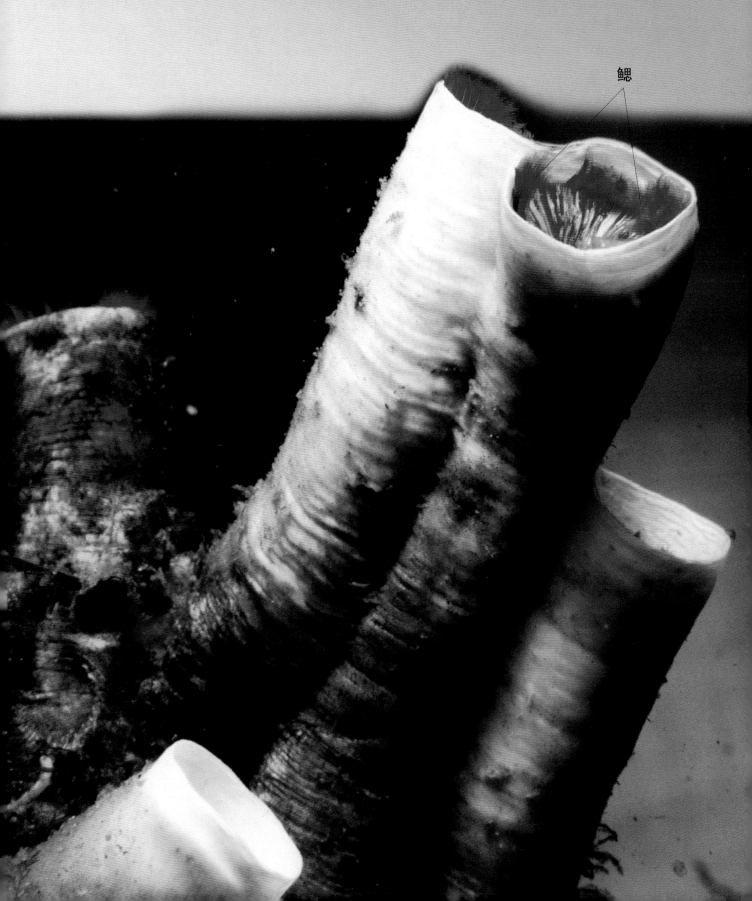

你认为热液喷口中喷出的热水会杀死周围的所有生命。不过，这不是事实，因为你看过的黑烟囱被很多种动物包围，比如巨大的贻贝和蛤蜊，它们的壳有足球那么大。也有白色的螃蟹，混在了找残羹剩饭的蛤蜊里。

巨大的蠕虫

最令人惊讶的是一些生活在黑烟囱旁的白色管子里的虫子。这蠕虫看起来像过滤浅海水获得食物的扇形蠕虫的巨大的变体。你看到的蠕虫则非常不同。它们像成年男人或女人一样高，和男人的手腕一样粗，它们被称为管状蠕虫。它们通过毛茸茸的鲜红的鳃来吸入氧气。当蠕虫捕食时，它从管体的顶部伸出鳃。鳃看起来像一束花。

那么多大型动物怎么能生活在一个几乎没有食物的地方？周围的海底空荡荡的，所以它们的食物一定和热液喷口有关。利用潜水器的机械手，你收集到了一个蠕虫，并把它带回水面去寻找答案。

化学食物

你回到水面来检查这个蠕虫。它没有口腔或肠道，它的身体里挤满了非常小的细菌。它们只能在一个高倍

生活在热液喷口附近的管状蠕虫通过鳃呼吸。鳃是红色的，因为血液从这里流过。用以制造血液的化学物质与制造人血的物质相近。

慢慢地烹煮

没有动物在被蒸煮时是可以活着的，但一些黑烟囱旁的动物与这种状况很接近。庞贝虫是一种管状蠕虫，它生活在离太平洋黑烟囱很近的地方。这种蠕虫的尾巴浸泡在 160 华氏度（约 70 摄氏度）或更热点的水中。如果你进入一样热的水中，热水将置你于死地。

显微镜下被看清。这些细菌能把黑烟中的化学物质转换成食物。蠕虫用它的鳃收集化学物质并将其吸收到血液中，这样保持它体内细菌的食物供应。同时，蠕虫也可以吃掉一些细菌，当不同种类的生物如此互相帮助，这种现象叫做共生，由此推断大蛤也用同样的方式来保持食物供给的。

整个系统的原理有点像珊瑚礁，两者最大的不同是珊瑚礁从阳光中获取能量；而黑烟囱旁的动物从地球内部喷出的化学物质中获取能量。

冷泉

此次旅行中的一位科学家是研究细菌的专家，她告知你某些细菌能够用化学能量制造食物。这就是所谓的"化学合成"。如果没有它，细菌将不能在黑烟囱旁生活。在墨西哥湾工作的某些科学家已经咨询了这位细菌专家。她将要会见这些科学家，并询问你是否愿意同行。

冷泉附近的一群管状蠕虫，看起来像一丛灌木。螃蟹、贻贝和鱼等小型动物来此避险和觅食。

你同意跟她一起旅行，一架直升机把你们送至阿卡普尔科。在那里，你又搭乘飞机去新奥尔良。然后，另一架直升机带你朝南飞向在墨西哥湾工作的一艘船上。这是一趟

40

长途跋涉，但却很值得。

可燃冰

一到墨西哥湾，你进入潜水器，潜入2 000英尺（约610米）深的海底。你发现了一个与你先前看到的同样稀奇的世界。有大量的具有像花朵一样红色鳃的管状蠕虫，还有大群的贻贝。但没有海底黑烟囱，这里水温冰冷，只有50华氏度（约10摄氏度）。

你要求潜水器驾驶员取一些附近海水样品，潜水器上的仪器将告知你水的化学成分。所有的海水都是咸的，但这儿的海水却比通常的咸得多。海水里含有一种称为硫化氢的化学物质，这是从海底渗漏出的，与被称为

甲烷的化学物质一道渗漏出来。甲烷通常是一种气体，是与石油一道被发现的，通常用来作燃料。在墨西哥海底，甲烷与水混合形成软的甲烷冰，发生这种现象的地方称为冷泉。

冰虫

利用潜水器上的机械手，收集了一些蠕虫和贻贝，然后你把这些物品带回船上。蠕虫身上满是细菌，这些细菌正利用硫化氢作为化学养料。贻贝以同样方式利用甲烷，一些更小的蠕虫甚至钻入甲烷冰中，它们依赖细菌制造的食物生存。这种蠕虫一定是大洋中最奇特的生物。

照片中粉色蠕虫生活在柔软的甲烷冰旁，直到1997年人们才发现它们的存在。

进入海沟

当你准备好离开墨西哥湾并与太平洋那边的朋友们重聚时，他们已经完成了自己的工作，并已经到阿卡普尔科补充物品了。阿卡普尔科海岸处是一条非常深的海沟，称为中美洲海沟。离阿卡普尔科海岸几海里外的大洋就深达 18 000 英尺（约 5 480 米）。

地壳由二十几块不同的板块组

成。中美洲海沟位于正推向墨西哥底下的巨大板块的边缘处，它正被地壳下面的运动推动着。发生这种情况的地域称为俯冲区，俯冲区和海沟围绕在太平洋周围。

永恒的世界

在完成东太平洋海隆工作后，你的科学家朋友们怀着好奇心去探索这个故事的另一面。他们在一个潜水器中潜入中美洲海沟，当然，你也与他们同行。

由于海底缓慢地在墨西哥下伸延，陆地在海底上升起。这有点像一块硬纸板在地毯下滑动，地毯在纸板上升起并起皱，墨西哥板块已经被折皱成山脉。随着时间的延长，

看起来有点像一朵花，但不是。这是一种动物，称为海百合。最早的海百合，在4.4亿年前就生活在海底。

板块运动引起可怕的地震，但大部分时间海沟都是平静的。那里没有熔岩流出也没有黑烟囱，只有深深的暗暗的海水。海底覆盖着细小的暗淡的棕色泥土，这种泥土称为软泥。

那里甚至有动物生存。通过厚厚的窗口观看，你看到海参爬过软泥，海参吞进泥土寻找食物。你也能看到就像花一样从海沟底上长出的东西，那实际上不是花，而是称为海百合的一种动物。它们用羽毛一样的所谓"花瓣"去收集水中的细小食物。附近有些东西像羽毛，由于古代的书记员使用羽毛笔，所以这种像羽毛的东西被称为"海笔"。"羽毛"上的平坦部分由类似细小的珊瑚状东西构成。

在岩石中发现的动物化石都是在5亿年前形成的，自形成以来好像沉在那里的东西都没有改变。这就是深海海底的永恒世界。

一个羽毛海星的化石。羽毛海星看起来就像它们的亲戚海百合，但没有茎。千百万年以前，羽毛海星在深海底部普遍分布。

43

任务报告

你的海底探测任务从阳光明媚的佛罗里达海岸外的浅水域一直进行到太平洋深处海沟的底部。

你看到了从大陆冲来的泥沙是如何构成了大陆架上的厚厚的沉积物，也看到了沉积物中的动物是如何生存的。在佛罗里达附近，你协助发现了西班牙财宝船的残留物，看到了上个冰川纪生命存在的确凿证据。你也探究了海藻林并且遇到了居住在那里的一些动物。

走进较深的水域，你看到了大洋深处海床上的海底平原。然后，你考察了水下火山以及海洋洋中脊的热水出口。在那里，你知道了新海床是怎样产生的。你不仅看到了奇特的能够在无阳光的状态下存活的动物群落，而且看到了在墨西哥湾冷泉中生活的相似动物群。

最后，你潜入太平洋的海沟，在那里你发现位于洋中脊处数百万年前已经形成的海底最终发生了什么变动。此次旅行你所获颇丰。

海底的夜晚，一只糖果海星在一些暗粉色珊瑚中休息。